Jyoti Kataria

Revoluções económicas: O poder transformador da tecnologia

Jyoti Kataria

Revoluções económicas: O poder transformador da tecnologia

ScienciaScripts

Imprint

Any brand names and product names mentioned in this book are subject to trademark, brand or patent protection and are trademarks or registered trademarks of their respective holders. The use of brand names, product names, common names, trade names, product descriptions etc. even without a particular marking in this work is in no way to be construed to mean that such names may be regarded as unrestricted in respect of trademark and brand protection legislation and could thus be used by anyone.

Cover image: www.ingimage.com

This book is a translation from the original published under ISBN 978-620-7-47524-7.

Publisher:
Sciencia Scripts
is a trademark of
Dodo Books Indian Ocean Ltd. and OmniScriptum S.R.L publishing group

120 High Road, East Finchley, London, N2 9ED, United Kingdom
Str. Armeneasca 28/1, office 1, Chisinau MD-2012, Republic of Moldova, Europe
Printed at: see last page
ISBN: 978-620-7-49035-6

Revoluções económicas: O poder transformador da tecnologia

Por

Sra. Jyoti Kataria

Universidade K.R. Mangalam, Gurugram, Haryana-122103, Índia

PREFÁCIO

Revoluções Económicas: The Transformative Power of Technology embarca numa viagem pelos anais da civilização humana, explorando o profundo impacto dos avanços tecnológicos nos sistemas económicos e no desenvolvimento da sociedade. Mergulhamos na interação dinâmica entre inovação, indústria e engenho, traçando a intrincada tapeçaria das revoluções económicas que moldaram o curso da história humana. Desde a revolução agrária, que anunciou a aurora das sociedades colonizadas, até à revolução industrial, que impulsionou a humanidade para a era moderna, cada mudança histórica na tecnologia gerou alterações sísmicas no tecido das economias mundiais. O aproveitamento do fogo, a invenção da roda, o domínio da metalurgia - estes momentos cruciais não só revolucionaram os processos de produção como também catalisaram a emergência de novos paradigmas económicos, redefinindo a natureza do trabalho, do comércio e da distribuição da riqueza. À medida que atravessamos as águas tumultuosas da história económica, deparamo-nos com o poder transformador de tecnologias como a imprensa, a máquina a vapor e a eletricidade, cada uma delas desencadeando ondas de inovação que remodelaram as paisagens económicas e redefiniram as normas sociais. O advento da revolução digital, simbolizado pelo aparecimento dos computadores, da Internet e da inteligência artificial, marca o mais recente capítulo desta saga contínua de perturbações tecnológicas, inaugurando uma era de conetividade, automação e perturbação sem precedentes.

Sra. Jyoti Kataria

Índice

1. Introdução aos Sistemas Económicos 4

2. Economias tradicionais: Preservação das práticas culturais e históricas 17

3. Economias de comando: controlo estatal e planeamento central 29

4. Economias de mercado: O poder da oferta e da procura 42

5. Economias mistas: combinar a intervenção do Estado e as forças de mercado 50

BIBLIOGRAFIA 59

Capítulo 1

Introdução aos sistemas económicos

Panorama dos sistemas económicos: definição e importância

Um sistema económico é um conjunto de princípios e métodos utilizados por uma sociedade para afetar recursos e distribuir bens e serviços. Define como os recursos são afectados, que bens e serviços são produzidos e como são distribuídos entre os membros da sociedade. Existem vários tipos de sistemas económicos, incluindo as economias tradicionais, de comando, de mercado e mistas.

Economia tradicional: Numa economia tradicional, as decisões económicas baseiam-se em costumes, tradições e crenças que foram transmitidas de geração em geração. A produção de bens e serviços baseia-se no que foi produzido no passado, e há pouco espaço para inovação ou mudança. Exemplos de economias tradicionais podem ser encontrados em algumas comunidades indígenas e zonas rurais.

Uma economia tradicional é um sistema em que as decisões económicas se baseiam em costumes, tradições e crenças que foram transmitidas de geração em geração. Este tipo de economia encontra-se frequentemente em zonas rurais e remotas onde as tecnologias e os sistemas económicos modernos tiveram uma influência limitada. Numa economia tradicional, a produção, a distribuição e o consumo de bens e serviços são regidos por práticas tradicionais e normas culturais e não pelas forças do mercado ou pela intervenção do governo.

No centro de uma economia tradicional está a agricultura de subsistência e actividades primárias como a caça, a pesca e a recolha. Estas actividades são normalmente levadas a cabo por famílias ou pequenas comunidades, utilizando métodos e instrumentos tradicionais que foram transmitidos ao longo de gerações. O principal objetivo da atividade económica numa economia tradicional é satisfazer as necessidades básicas da comunidade e não gerar lucro ou maximizar a eficiência.

Numa economia tradicional, a terra e os recursos são frequentemente propriedade da comunidade e as decisões sobre a forma de os utilizar são tomadas coletivamente pelos membros da comunidade. Esta propriedade colectiva e este processo de decisão ajudam a garantir que os recursos são atribuídos de forma justa e que as necessidades básicas de todos são satisfeitas. No entanto, também pode conduzir a ineficiências e a uma falta de inovação, uma vez que os indivíduos podem hesitar em desviar-se dos costumes e práticas estabelecidos.

O comércio numa economia tradicional limita-se normalmente a trocas locais ou regionais, sendo frequentemente utilizada a troca direta em vez de dinheiro. Isto significa que o valor dos bens e serviços é determinado pela sua utilidade e pelos costumes da comunidade e não pelos preços de mercado. Consequentemente, nas economias tradicionais, é frequente haver pouca especialização ou divisão do trabalho e espera-se que os indivíduos sejam auto-suficientes e capazes de executar uma variedade de tarefas.

As estruturas sociais e os valores culturais desempenham um papel importante na definição da atividade económica nas economias tradicionais. Os sistemas hierárquicos baseados na idade, género ou linhagem podem determinar quem tem acesso aos recursos e ao poder de decisão dentro da comunidade. Do mesmo modo, as crenças religiosas e as práticas culturais podem influenciar os tipos de bens produzidos, o calendário das actividades económicas e a distribuição da riqueza.

Embora as economias tradicionais existam há milhares de anos e tenham sustentado inúmeras comunidades em todo o mundo, não estão isentas de desafios. Um dos principais desafios é a adaptação às condições ambientais em mudança e às pressões externas, como a globalização e as alterações climáticas. À medida que as tecnologias e os sistemas económicos modernos invadem os modos de vida tradicionais, muitas economias tradicionais enfrentam pressões para se adaptarem ou correm o risco de serem deixadas para trás.

Economia de comando: Numa economia de comando, o governo ou uma autoridade central toma todas as decisões económicas. O governo decide que bens e serviços serão produzidos, como serão produzidos e como serão distribuídos. Este tipo de economia é frequentemente associado ao socialismo e ao comunismo, onde o objetivo é criar uma distribuição mais igualitária da riqueza e dos recursos entre a população.

Uma economia planificada, também conhecida como economia centralmente planeada, é um sistema económico em que o governo ou uma autoridade central toma todas as decisões relativas à produção, atribuição e distribuição de bens e serviços. Numa economia planificada, o Estado exerce um controlo alargado sobre os factores de produção, incluindo a terra, o trabalho e o capital, bem como sobre os meios de produção, como as fábricas e a maquinaria. Isto contrasta com as economias de mercado, em que as decisões são determinadas principalmente pelas interacções entre a oferta e a procura em mercados livres.

Uma das características que definem uma economia planificada é a ausência de propriedade privada de bens e recursos. Em vez disso, o Estado detém ou controla a maioria dos activos e recursos produtivos. Isto permite ao governo ditar quais os bens e serviços que são produzidos, a quantidade produzida e o preço a que são vendidos. As autoridades de planeamento central, muitas vezes compostas por funcionários do governo e planeadores económicos, formulam planos de produção detalhados que definem os objectivos de produção para várias indústrias e sectores da economia.

A lógica subjacente a uma economia planificada assenta frequentemente no desejo de alcançar objectivos sociais e económicos específicos, como a distribuição equitativa dos recursos, a rápida industrialização ou a autossuficiência nacional. Ao exercerem o controlo sobre as actividades económicas, os governos das economias planificadas procuram eliminar as ineficiências, minimizar as desigualdades e orientar os recursos para sectores prioritários considerados críticos para o desenvolvimento nacional.

Um dos exemplos históricos mais notáveis de uma economia planificada foi a União Soviética sob o regime comunista. No modelo soviético, o Estado detinha todos os meios de produção e o planeamento económico era centralizado em agências como a Gosplan. Os objectivos de produção eram definidos pelo governo e esperava-se que as empresas cumprissem esses objectivos independentemente da procura do mercado. Embora a União Soviética tenha alcançado um crescimento industrial significativo durante determinados períodos, a ausência de mecanismos de mercado conduziu frequentemente a ineficiências, escassez e desfasamentos entre a oferta e a procura.

De igual modo, outros países, como Cuba, a Coreia do Norte e a China de Mao Zedong, também implementaram, em graus variáveis, economias planificadas. Nestes sistemas, o governo desempenha um papel dominante na tomada de decisões económicas, com uma participação limitada dos particulares ou das forças de mercado.

Apesar dos objectivos pretendidos, as economias planificadas enfrentam vários desafios e críticas. Uma das principais críticas é a falta de incentivos à inovação e à eficiência inerentes aos sistemas de planeamento centralizado. Sem a motivação do lucro a impulsionar o empreendedorismo e a concorrência, as economias planificadas podem ter dificuldade em adaptar-se à evolução das preferências dos consumidores ou aos avanços tecnológicos. Além disso, a concentração de poder nas mãos do Estado pode conduzir à ineficiência, à corrupção e à burocracia.

Nas últimas décadas, muitos países com economias planificadas passaram por reformas económicas para introduzir elementos de políticas orientadas para o mercado e de privatização. Por exemplo, a mudança da China para uma economia de mercado socialista resultou num crescimento e desenvolvimento económicos significativos, embora o governo ainda mantenha um controlo substancial sobre sectores-chave da economia.

Economia de mercado: Numa economia de mercado, as decisões económicas são impulsionadas pelas interacções dos indivíduos e das empresas no mercado. Os preços são determinados pela oferta e pela procura e os recursos são atribuídos com base nas decisões dos consumidores e dos produtores. O governo desempenha um papel limitado numa economia de mercado, principalmente para fazer cumprir os direitos de propriedade e garantir a concorrência. Exemplos de economias de mercado incluem os Estados Unidos e a maioria dos países da Europa Ocidental.

Uma economia de mercado, também conhecida como economia de mercado livre ou capitalismo, é um sistema económico caracterizado pela tomada de decisões descentralizada e pela afetação de recursos através da interação da oferta e da procura nos mercados. Numa economia de mercado, os indivíduos e as empresas agem no seu próprio interesse, procurando maximizar a sua própria utilidade ou lucro, e esta procura de interesse próprio acaba por impulsionar a atividade económica.

O conceito de propriedade privada dos recursos e dos meios de produção é fundamental para o funcionamento de uma economia de mercado. Ao contrário das economias centralmente planificadas, em que o Estado controla a maior parte das actividades económicas, numa economia de mercado, os indivíduos e as empresas são proprietários e têm a liberdade de os utilizar como entenderem. Esta propriedade dá aos indivíduos o incentivo para utilizarem os seus recursos de forma eficiente e inovarem, uma vez que podem beneficiar diretamente dos seus esforços.

O mecanismo de fixação de preços desempenha um papel fundamental numa economia de mercado. Os preços são determinados pela interação da oferta e da procura nos mercados. Quando a procura de um bem ou serviço excede a sua oferta, os preços tendem a subir, sinalizando aos produtores que existe uma oportunidade de lucro. Inversamente, quando a oferta excede a procura, os preços tendem a descer, sinalizando aos produtores que poderão ter de reduzir a produção ou encontrar utilizações alternativas para os seus recursos. Através deste processo de ajustamento dos preços, os recursos são afectados de forma eficiente, sendo os bens e serviços encaminhados para onde são mais valorizados pelos consumidores.

A concorrência é outra caraterística fundamental das economias de mercado. Num mercado concorrencial, vários produtores disputam o negócio dos consumidores, oferecendo bens de melhor qualidade, preços mais baixos ou produtos mais inovadores. Esta concorrência não só beneficia os consumidores, proporcionando-lhes mais escolhas e uma melhor relação qualidade/preço, como também estimula os produtores a melhorar a sua eficiência e a inovar para se manterem à frente dos seus rivais.

As economias de mercado também se caracterizam por uma intervenção limitada do governo nos assuntos económicos. Embora os governos nas economias de mercado desempenhem um papel na definição e aplicação de regras e regulamentos para garantir uma concorrência leal, proteger os direitos de propriedade e fornecer bens e serviços públicos, como infra-estruturas e educação, geralmente abstêm-se de controlar diretamente os preços, a produção ou a afetação de recursos. Em vez disso, confiam nas forças de mercado para orientar a tomada de decisões económicas.

Uma das principais vantagens das economias de mercado é a sua capacidade de promover o crescimento económico e a prosperidade. Ao aproveitar o poder do interesse próprio, da concorrência e da inovação, as economias de mercado provaram ser altamente dinâmicas e adaptáveis, capazes de gerar riqueza e elevar o nível de vida de grandes segmentos da população. As economias de mercado tendem também a ser mais reactivas às mudanças nas preferências dos consumidores e aos avanços tecnológicos, conduzindo a uma maior eficiência e a ganhos de produtividade ao longo do tempo.

No entanto, as economias de mercado têm os seus inconvenientes. Os críticos argumentam que podem conduzir à desigualdade de rendimentos, uma vez que aqueles que dispõem de mais recursos e competências estão mais aptos a tirar partido das oportunidades económicas, enquanto outros podem ter dificuldades em competir. As falhas do mercado, como os monopólios, as externalidades e as assimetrias de informação, também podem ocorrer, exigindo a intervenção do governo para corrigir ou atenuar estas distorções.

Economia mista: Uma economia mista combina elementos das economias de mercado e de comando. Numa economia mista, o governo desempenha um papel significativo na regulação da economia e no fornecimento de bens e serviços públicos, mas também há espaço para a iniciativa privada e para as forças de mercado actuarem. Muitos países, incluindo o Reino Unido e o Canadá, têm economias mistas.

A escolha do sistema económico tem implicações importantes para uma sociedade. Determina a forma como os recursos são atribuídos, o que, por sua vez, afecta a distribuição da riqueza e do rendimento. Também influencia os incentivos enfrentados pelos indivíduos e pelas empresas, o que pode ter impacto no crescimento económico e na inovação. Além disso, o sistema económico pode afetar a estabilidade social e política, uma vez que molda a relação entre o governo e a população.

Uma economia mista é um sistema económico que combina elementos de uma economia de mercado e de uma economia planificada. Neste sistema, o governo e o sector privado coexistem, desempenhando cada um deles um papel significativo na configuração da economia. O conceito de economia mista surgiu como uma resposta às limitações e falhas dos sistemas económicos puramente capitalistas ou socialistas, com o objetivo de potenciar os pontos fortes de ambos, atenuando simultaneamente as suas fraquezas.

Numa economia mista, o governo intervém na economia em diferentes graus, frequentemente através de regulamentação, tributação e despesa pública. Estas intervenções destinam-se a colmatar as deficiências do mercado, a promover o bem-estar social e a assegurar uma distribuição equitativa dos recursos. Simultaneamente, o sector privado opera num quadro de concorrência de mercado e de lucro, impulsionando a inovação, a eficiência e o crescimento económico.

Uma das principais características de uma economia mista é a presença de direitos de propriedade privada e do mecanismo de mercado. Os indivíduos e as empresas têm a liberdade de possuir propriedade, produzir bens e serviços e efetuar trocas comerciais dentro dos limites estabelecidos pela regulamentação governamental. Isto permite que o empreendedorismo e a inovação prosperem, conduzindo a uma atividade económica dinâmica e à criação de riqueza.

No entanto, o governo também desempenha um papel crucial na regulação da atividade económica para evitar monopólios, promover a concorrência leal e proteger os consumidores e os trabalhadores. Os regulamentos podem abranger áreas como a segurança dos produtos, as normas ambientais, os direitos laborais e as medidas antitrust. Além disso, o governo fornece frequentemente bens e serviços públicos, tais como infra-estruturas, educação, cuidados de saúde e programas de assistência social, para responder a necessidades sociais que podem não ser satisfeitas adequadamente apenas pelo sector privado.

A tributação é outro instrumento utilizado pelo governo numa economia mista para financiar as despesas públicas e redistribuir a riqueza. Os impostos podem ser cobrados sobre o rendimento, o consumo, a riqueza e os lucros das empresas, com o objetivo de financiar os serviços e programas públicos, assegurando simultaneamente um certo grau de igualdade de rendimentos.

O grau de intervenção do Estado numa economia mista pode variar muito em função da ideologia política, do contexto histórico e das preferências da sociedade. Algumas economias mistas inclinam-se mais para o capitalismo, com uma intervenção governamental limitada e ênfase nos mercados livres, enquanto outras se inclinam mais para o socialismo, com um envolvimento extensivo do governo no planeamento económico e na redistribuição da riqueza.

Exemplos de países com economias mistas incluem os Estados Unidos, o Canadá, o Reino Unido, a Alemanha e a Suécia. Cada um destes países combina elementos tanto do capitalismo como do socialismo, com diferentes graus de intervenção e regulamentação governamental.

Panorama histórico dos sistemas económicos (tradicional, de comando, de mercado, misto)

Ao longo da história, diferentes sociedades organizaram as suas economias de várias formas. Estas organizações evoluíram para quatro sistemas económicos principais: tradicional, de comando, de mercado e misto.

Economia tradicional: As economias tradicionais são os sistemas económicos mais antigos e básicos. Baseiam-se em costumes, tradições e crenças culturais para orientar as decisões económicas. Numa economia tradicional, a produção baseia-se em técnicas antigas e os papéis económicos são normalmente transmitidos de geração em geração. Estas economias encontram-se frequentemente em comunidades rurais e indígenas, onde as pessoas vivem perto da terra e têm uma forte ligação ao seu património cultural.

Economia de comando: As economias de comando, também conhecidas como economias planificadas, caracterizam-se pelo controlo das actividades económicas por parte do governo central. Numa economia planificada, o governo detém os meios de produção e decide que bens e serviços serão produzidos, como serão produzidos e para quem serão produzidos. Este sistema está associado às ideologias socialista e comunista, com o objetivo de alcançar a igualdade social e eliminar as disparidades de riqueza. Exemplos de economias de comando incluem a antiga União Soviética, a China de Mao Zedong e a Coreia do Norte.

Economia de mercado: As economias de mercado baseiam-se nos princípios da oferta e da procura e do mercado livre. Numa economia de mercado, as decisões económicas são descentralizadas e tomadas por indivíduos e empresas que procuram maximizar os seus próprios interesses. Os preços são determinados pela interação da oferta e da procura e os recursos são atribuídos com base nas decisões dos consumidores e dos produtores. As economias de mercado estão frequentemente associadas ao capitalismo e encontram-se em países como os Estados Unidos, o Reino Unido e a Alemanha.

Economia mista: Uma economia mista combina elementos das economias de mercado e de comando. Numa economia mista, o governo desempenha um papel na regulação das actividades económicas e no fornecimento de bens e serviços públicos, mas também há espaço para o funcionamento da iniciativa privada e das forças de mercado. Muitas economias modernas, incluindo as dos Estados Unidos, Canadá e países da Europa Ocidental, são consideradas economias mistas.

Ao longo do tempo, tem-se verificado uma tendência para economias mistas, uma vez que as sociedades procuram combinar a eficiência e a inovação das economias de mercado com os objectivos de bem-estar social das economias de comando. A combinação específica de elementos de mercado e de comando varia de país para país, em função de factores históricos, culturais e políticos.

Em resumo, a evolução histórica dos sistemas económicos reflecte a procura permanente da forma mais eficaz e equitativa de organizar as actividades económicas. Embora as economias tradicionais, de comando, de mercado e mistas representem abordagens distintas, muitas economias modernas combinam elementos dos quatro sistemas em diferentes graus.

Princípios básicos e funções dos sistemas económicos

Os sistemas económicos são estruturas complexas que regem a produção, atribuição e distribuição de bens e serviços numa sociedade. São orientados por vários princípios e funções básicos que ajudam a definir a forma como os recursos são utilizados e como as actividades económicas são organizadas. Eis os principais princípios e funções dos sistemas económicos:

Alocação de recursos: Uma das funções fundamentais de um sistema económico é a atribuição de recursos escassos, como a terra, o trabalho e o capital, para produzir bens e serviços. Esta afetação baseia-se no princípio do custo de oportunidade, segundo o qual o custo de produzir um bem é a oportunidade perdida de produzir outro bem.

Produção: Os sistemas económicos determinam quais os bens e serviços que são produzidos e em que quantidades. Esta decisão é influenciada por factores como a procura dos consumidores, a disponibilidade de recursos e as capacidades tecnológicas. Nas economias de mercado, as decisões de produção são largamente orientadas pelas preferências dos consumidores e pelas forças de mercado, enquanto nas economias planificadas, a produção é planeada centralmente pelo governo.

Distribuição: Os sistemas económicos também determinam a forma como os bens e serviços são distribuídos entre os membros da sociedade. Isto inclui determinar quem recebe os bens e serviços produzidos, bem como a forma como o rendimento é distribuído entre trabalhadores, empresários e proprietários de capital. A distribuição é influenciada por factores como os salários, os preços e as políticas governamentais.

Intercâmbio: O intercâmbio refere-se ao processo de troca de bens e serviços entre indivíduos e empresas. Os sistemas económicos estabelecem os mecanismos através dos quais a troca ocorre, tais como os mercados, a troca direta ou os programas de distribuição do governo. A troca ajuda a determinar os preços e permite a afetação eficiente dos recursos.

Consumo: O consumo refere-se à utilização de bens e serviços por indivíduos e agregados familiares. Os sistemas económicos influenciam os padrões de consumo através de factores como os níveis de rendimento, os preços e as normas culturais. As decisões de consumo são influenciadas por factores como a utilidade, a acessibilidade e a disponibilidade de bens e serviços.

Eficiência: Os sistemas económicos esforçam-se por alcançar a eficiência na atribuição de recursos e na produção. Eficiência significa produzir bens e serviços ao menor custo possível, utilizando o menor número de recursos e maximizando a satisfação de desejos e necessidades. As economias de mercado baseiam-se na concorrência e nos sinais de preço para alcançar a eficiência, enquanto as economias planificadas podem recorrer ao planeamento central e à intervenção do governo.

Equidade: A equidade refere-se à justiça e à distribuição dos recursos e dos rendimentos na sociedade. Os sistemas económicos procuram alcançar um equilíbrio entre eficiência e equidade, assegurando que os recursos são distribuídos de forma justa entre os indivíduos e que as necessidades básicas são satisfeitas. Isto pode implicar a redistribuição do rendimento através de impostos, programas de assistência social ou outras intervenções governamentais.

Estabilidade: Os sistemas económicos visam manter a estabilidade dos preços, do emprego e do crescimento económico. A estabilidade é importante para garantir o bom funcionamento da economia e minimizar as perturbações que podem levar a recessões económicas. Os sistemas económicos utilizam vários instrumentos, como as políticas monetárias e fiscais, para manter a estabilidade.

Em conclusão, os sistemas económicos são estruturas complexas que regem a forma como os recursos são atribuídos, os bens e serviços são produzidos e o rendimento é distribuído numa sociedade. São orientados por princípios e funções básicos que ajudam a garantir a utilização eficiente e equitativa dos recursos para satisfazer as necessidades e desejos dos indivíduos e da sociedade no seu conjunto.

Capítulo 2

Economias tradicionais: Preservação das práticas culturais e históricas

Definição e características das economias tradicionais

As economias tradicionais são sistemas económicos em que as decisões económicas se baseiam em costumes, tradições e crenças que foram transmitidos de geração em geração. Estas economias encontram-se frequentemente em comunidades rurais e indígenas e caracterizam-se por várias características fundamentais:

Métodos de produção tradicionais: As economias tradicionais baseiam-se em métodos tradicionais de produção que têm sido utilizados há gerações. Estes métodos são frequentemente simples e de mão de obra intensiva, centrados na agricultura de subsistência, na pesca, na caça e na recolha. A tecnologia e as ferramentas utilizadas na produção são normalmente limitadas e são transmitidas através das famílias ou comunidades.

Em muitos casos, os métodos de produção habituais evoluíram ao longo do tempo em resposta às condições ambientais, tecnológicas e sociais de uma determinada região ou comunidade. Estes métodos são normalmente adaptados aos recursos e capacidades disponíveis localmente, recorrendo a materiais, ferramentas e técnicas indígenas.

Uma caraterística dos métodos de produção tradicionais é a sua ênfase no trabalho artesanal e na atenção aos pormenores. Ao contrário das técnicas de produção em massa, que dão prioridade à eficiência e à uniformidade, os métodos tradicionais dão frequentemente prioridade à qualidade e à individualidade. Os artesãos ou profissionais qualificados são fundamentais para estes processos, empregando os seus conhecimentos para criar produtos ou prestar serviços que satisfaçam as necessidades e preferências únicas da sua clientela.

O significado cultural é outro aspeto fundamental dos métodos de produção tradicionais. Estes métodos estão muitas vezes profundamente ligados à identidade cultural e ao património de uma comunidade, servindo de meio de preservação dos conhecimentos e práticas tradicionais. Através do ato de produzir bens ou prestar serviços de acordo com os métodos tradicionais, os indivíduos e as comunidades reafirmam a sua identidade cultural e mantêm ligações às suas raízes ancestrais.

Além disso, os métodos de produção tradicionais podem desempenhar um papel no desenvolvimento sustentável e na conservação do ambiente. Ao utilizar os recursos locais e ao minimizar a dependência de factores de produção externos, estes métodos podem reduzir a pegada ecológica associada aos processos de produção. Além disso, muitas práticas consuetudinárias incorporam princípios de aproveitamento de recursos e de redução de resíduos, fazendo uma utilização eficiente dos materiais e minimizando o impacto ambiental.

No entanto, apesar dos seus benefícios culturais e ambientais, os métodos de produção tradicionais podem enfrentar desafios no mundo moderno. Os rápidos avanços tecnológicos, a globalização e a alteração das preferências dos consumidores podem constituir ameaças à viabilidade destas práticas tradicionais. Nalguns casos, os artesãos tradicionais podem ter dificuldade em competir com bens ou serviços produzidos em massa que são mais baratos e estão mais facilmente disponíveis no mercado.

Além disso, pode haver um risco de perda de conhecimentos e competências tradicionais à medida que as gerações mais jovens optam por meios de subsistência alternativos ou migram para zonas urbanas. Os esforços para revitalizar e preservar os métodos de produção habituais podem, por conseguinte, exigir o apoio dos decisores políticos, dos investigadores e das partes interessadas da comunidade.

Especialização limitada: Nas economias tradicionais, a especialização do trabalho é limitada. Os indivíduos desempenham frequentemente uma variedade de tarefas com base na idade, género e estatuto social. Por exemplo, os homens podem ser responsáveis pela caça e pesca, enquanto as mulheres podem ser responsáveis por cozinhar e cuidar das crianças. Esta falta de especialização limita a produtividade global da economia.

Troca direta e comércio: As economias tradicionais baseiam-se frequentemente na troca direta e no comércio como meio de troca. Os bens e serviços são trocados diretamente por outros bens e serviços, sem recurso a dinheiro. Esta forma de troca baseia-se num acordo mútuo e é frequentemente orientada por normas e tradições culturais.

Numa transação de troca direta, duas partes envolvem-se numa troca mútua, trocando um bem ou serviço por outro com base nas respectivas necessidades e preferências. Por exemplo, um agricultor pode trocar uma parte da sua colheita por ferramentas com um ferreiro, ou um alfaiate pode trocar roupa por comida com um padeiro. O princípio fundamental subjacente à troca direta é o princípio da dupla coincidência de desejos, segundo o qual ambas as partes devem desejar os bens ou serviços uma da outra para que a troca seja bem sucedida.

As transacções de troca direta podem assumir várias formas, desde simples trocas directas entre indivíduos até acordos mais complexos que envolvem várias partes e bens. Embora a troca direta ofereça a vantagem da flexibilidade e do imediatismo, também apresenta desafios, como a necessidade de uma coincidência de desejos, a dificuldade em determinar o valor relativo dos bens e a falta de um meio de troca normalizado.

Para fazer face a alguns destes desafios e facilitar o comércio a uma escala mais alargada, as sociedades desenvolveram historicamente formas alternativas de troca, incluindo a moeda de mercadorias e, eventualmente, a moeda fiduciária. A moeda de mercadorias, como o ouro, a prata ou outras mercadorias valiosas, servia como meio de troca com base no seu valor intrínseco. No entanto, a utilização de moeda de mercadorias também apresentava limitações, como a necessidade de armazenamento e transporte seguros.

A evolução do comércio levou ao aparecimento da moeda como um meio de troca universalmente aceite, apoiado pela autoridade dos governos ou dos bancos centrais. Ao contrário da troca direta, que requer uma correspondência direta de desejos entre parceiros comerciais, a moeda permite que as transacções ocorram de forma mais eficiente, servindo como um meio de pagamento amplamente aceite.

Embora o comércio baseado na moeda domine as economias modernas, a troca direta continua a desempenhar um papel em determinados contextos, especialmente em situações em que as moedas tradicionais são escassas ou não estão disponíveis. As trocas e redes de troca direta surgiram para facilitar as transacções entre empresas e indivíduos, oferecendo uma plataforma para o comércio de bens e serviços sem necessidade de dinheiro.

Além disso, o comércio de permuta ocorre frequentemente nos mercados internacionais, onde os países trocam bens e mercadorias diretamente sem utilizar moeda. Esta forma de comércio, conhecida como contra-comércio, permite às nações ultrapassar as restrições monetárias e promover a cooperação e o desenvolvimento económicos.

Comunidades unidas: As economias tradicionais encontram-se normalmente em comunidades muito unidas, onde os laços sociais são fortes. As decisões económicas são muitas vezes tomadas coletivamente, com os interesses da comunidade a terem precedência sobre os interesses individuais. Este sentido de comunidade ajuda a garantir a sobrevivência e o bem-estar dos seus membros.

No coração das comunidades mais unidas existe um profundo sentimento de pertença e de ligação entre os seus membros. As pessoas destas comunidades partilham frequentemente antecedentes, interesses ou identidades culturais comuns, criando uma base sólida para a coesão social. Quer se trate de um bairro muito unido, de uma comunidade de amigos ou de um grupo online coeso, a essência da proximidade transcende a proximidade física, manifestando-se frequentemente em apoio emocional, empatia e camaradagem.

Uma caraterística que define as comunidades muito unidas é a presença de fortes relações interpessoais. Os residentes destas comunidades não só se conhecem pelo nome, como também partilham experiências pessoais, alegrias e tristezas. Esta familiaridade gera confiança e solidariedade, tornando mais fácil para as pessoas contarem umas com as outras em momentos de necessidade. Quer se trate de dar uma ajuda a um vizinho em dificuldades, de organizar eventos comunitários ou de celebrar marcos históricos em conjunto, os laços criados nas comunidades unidas são profundos.

Além disso, as comunidades muito unidas dão frequentemente prioridade à comunicação e à colaboração. Os residentes participam em interacções regulares, quer através de conversas presenciais, reuniões comunitárias ou plataformas digitais. Estes canais de comunicação facilitam a troca de ideias, informações e recursos, reforçando os laços sociais e promovendo um sentido de identidade colectiva. Em comunidades muito unidas, os indivíduos sentem-se com poder para expressar as suas opiniões, contribuir para os processos de tomada de decisão e trabalhar em conjunto para atingir objectivos comuns.

Para além disso, as comunidades unidas servem como fonte de apoio emocional e resiliência. Em tempos de adversidade ou crise, os residentes juntam-se, oferecendo conforto, encorajamento e assistência prática aos necessitados. Este sentimento de solidariedade proporciona uma rede de segurança para os indivíduos que enfrentam desafios, promovendo o bem-estar mental e a coesão social. Quer se trate de uma família a enfrentar uma doença, de apoiar um negócio local em dificuldades ou de mobilizar esforços de socorro após uma catástrofe natural, os laços da comunidade servem de pilar de força em tempos difíceis.

As comunidades muito unidas também desempenham um papel vital na preservação do património cultural, das tradições e dos valores. Através de rituais partilhados, celebrações e narração de histórias, os residentes transmitem conhecimentos geracionais e defendem costumes queridos, enriquecendo o tecido da vida comunitária. Estas ligações culturais promovem um sentimento de orgulho e pertença entre os membros da comunidade, reforçando a sua identidade colectiva e o seu sentido de lugar.

Participação limitada no mercado: As economias tradicionais têm uma participação limitada nos mercados formais. Embora alguns bens possam ser comercializados nos mercados, a maior parte da atividade económica tem lugar no seio da comunidade ou da unidade familiar. Isto limita a exposição das economias tradicionais a forças económicas externas.

Práticas sustentáveis: As economias tradicionais baseiam-se frequentemente em práticas sustentáveis que estão bem adaptadas ao seu ambiente local. Estas práticas baseiam-se numa compreensão profunda do mundo natural e têm como objetivo assegurar a viabilidade dos recursos a longo prazo. Os exemplos incluem a rotação de culturas, práticas de pesca sustentáveis e a utilização de materiais naturais para habitação e vestuário.

Resistência à mudança: As economias tradicionais são frequentemente resistentes à mudança e às influências externas. Este facto pode ser observado na preservação dos costumes, práticas e estruturas sociais tradicionais. No entanto, as economias tradicionais não são estáticas e podem evoluir ao longo do tempo em resposta à mudança das circunstâncias.

Em conclusão, as economias tradicionais são sistemas económicos baseados em costumes, tradições e crenças que foram transmitidos de geração em geração. Caracterizam-se pela dependência de métodos de produção tradicionais, especialização limitada, permuta e comércio, comunidades muito unidas, participação limitada no mercado, práticas sustentáveis e resistência à mudança. Embora as economias tradicionais possam ser menos eficientes do que as economias modernas, desempenham um papel importante na preservação do património cultural e na promoção da coesão comunitária.

Estudos de caso de economias tradicionais em todo o mundo

As economias tradicionais existem sob várias formas em todo o mundo, muitas vezes em zonas remotas ou rurais onde as comunidades mantêm fortes laços com o seu património cultural. Eis alguns estudos de caso que destacam as economias tradicionais em diferentes regiões:

Pastores Maasai, Quénia e Tanzânia: O povo Maasai do Quénia e da Tanzânia pratica tradicionalmente a pastorícia, dependendo do gado para a sua subsistência. O gado é fundamental para a cultura Maasai, servindo como fonte de alimento, riqueza e estatuto. Os Maasai deslocam os seus rebanhos sazonalmente em busca de água e de terras de pastagem, praticando técnicas de gestão sustentável da terra. Embora a modernização e as influências externas tenham afetado as práticas tradicionais dos Maasai, muitas comunidades continuam a manter o seu modo de vida pastoril.

Inuit, Regiões do Ártico: O povo inuíte das regiões árcticas, incluindo o Alasca, o Canadá e a Gronelândia, tem dependido tradicionalmente da caça, da pesca e da recolha para a sua subsistência. O ambiente agreste do Ártico moldou a cultura e a economia dos inuítes, com uma forte ênfase na cooperação, na capacidade de recursos e na adaptação. As comunidades inuítes desenvolveram um conhecimento intrincado do seu ambiente e da sua vida selvagem, o que lhes permite colher de forma sustentável recursos como focas, baleias e peixe.

Bosquímanos San, África Austral: O povo San, também conhecido como bosquímanos, tem praticado tradicionalmente um estilo de vida de caça e recolha no deserto do Kalahari, na África Austral. Os San têm um profundo conhecimento do seu ambiente e dos seus recursos, o que lhes permite sobreviver num dos ambientes mais difíceis do mundo. Apesar das pressões da modernização e do desenvolvimento da terra, algumas comunidades San continuam a manter o seu modo de vida tradicional.

Comunidades Amish, Estados Unidos: As comunidades Amish nos Estados Unidos, particularmente em estados como a Pensilvânia e Ohio, são conhecidas pelas suas práticas agrícolas tradicionais e modo de vida simples. Os Amish rejeitam muitas tecnologias e conveniências modernas, optando por viver de acordo com as suas crenças religiosas e tradições culturais. As comunidades Amish dependem da agricultura, do artesanato e de empresas de pequena escala para a sua subsistência económica.

Toraja, Indonésia: O povo Toraja da Indonésia, particularmente nas terras altas do Sul de Sulawesi, tem praticado tradicionalmente uma forma única de agricultura conhecida como "agricultura de campo inclinado". Este método consiste em esculpir campos de arroz em socalcos nas encostas, permitindo o cultivo de arroz num ambiente montanhoso. Os Toraja têm também ricas tradições culturais, incluindo elaboradas cerimónias fúnebres que reflectem a sua forte ligação aos antepassados e à terra.

Estes estudos de caso destacam a diversidade e a resiliência das economias tradicionais em todo o mundo. Apesar de enfrentarem as pressões da modernização, da globalização e das alterações ambientais, muitas economias tradicionais continuam a prosperar, mantendo o seu património cultural e práticas sustentáveis.

Vantagens e desvantagens dos sistemas económicos tradicionais

Os sistemas económicos tradicionais têm vantagens e desvantagens, que reflectem as suas características únicas e o contexto em que operam. Eis um resumo:

Vantagens:

Sustentabilidade: As economias tradicionais baseiam-se frequentemente em práticas sustentáveis que estão bem adaptadas ao seu ambiente local. Isto inclui técnicas como a rotação de culturas, práticas sustentáveis de caça e pesca, e a utilização de materiais naturais para habitação e vestuário. Estas práticas ajudam a garantir a viabilidade dos recursos a longo prazo.

Coesão comunitária: As economias tradicionais encontram-se frequentemente em comunidades muito unidas, onde os laços sociais são fortes. As actividades económicas são muitas vezes realizadas coletivamente, com os interesses da comunidade a prevalecerem sobre os interesses individuais. Este sentido de comunidade ajuda a promover a cooperação e o apoio mútuo.

Preservação do património cultural: As economias tradicionais estão intimamente ligadas a tradições culturais, costumes e crenças que foram transmitidas de geração em geração. Estas economias ajudam a preservar o património cultural e a manter um sentido de identidade e continuidade nas comunidades.

Baixos níveis de desigualdade: As economias tradicionais têm frequentemente baixos níveis de desigualdade de rendimento em comparação com as economias modernas. Isto deve-se ao facto de os recursos serem normalmente distribuídos com base em normas e tradições culturais que enfatizam a justiça e a partilha.

Desvantagens:

Crescimento económico limitado: As economias tradicionais tendem a ter um potencial de crescimento económico limitado em comparação com as economias modernas. Isto deve-se a factores como a inovação tecnológica limitada, a falta de especialização e a dependência de métodos tradicionais de produção.

Vulnerabilidade a choques externos: As economias tradicionais são frequentemente vulneráveis a choques externos, tais como alterações nos padrões climáticos, catástrofes naturais ou convulsões políticas. Como estas economias se baseiam frequentemente na agricultura de subsistência ou noutras indústrias primárias, podem ter dificuldade em adaptar-se a mudanças súbitas.

Acesso limitado a serviços modernos: As economias tradicionais têm frequentemente um acesso limitado aos serviços modernos, como os cuidados de saúde, a educação e a tecnologia. Este facto pode resultar numa menor qualidade de vida para os membros das comunidades tradicionais em comparação com os membros das sociedades mais modernizadas.

Resistência à mudança: As economias tradicionais são muitas vezes resistentes à mudança e podem ser lentas a adaptar-se a novas tecnologias, práticas económicas ou mudanças sociais. Isto pode limitar a sua capacidade de competir num mundo globalizado.

Em conclusão, os sistemas económicos tradicionais têm vantagens e desvantagens. Embora desempenhem um papel importante na preservação do património cultural e na promoção da coesão comunitária, podem ter dificuldade em acompanhar as rápidas mudanças do mundo moderno. O equilíbrio entre a preservação das práticas tradicionais e a necessidade de desenvolvimento económico e de adaptação é um desafio fundamental para as economias tradicionais.

Desafios e adaptações nos tempos modernos

Os desafios e as adaptações dos tempos modernos tiveram um impacto significativo nas economias tradicionais, obrigando-as a evoluir para sobreviverem e prosperarem. Alguns dos principais desafios e adaptações incluem:

Globalização: A globalização trouxe maior conetividade e acesso aos mercados, mas também expôs as economias tradicionais à concorrência de produtores maiores e mais eficientes. As economias tradicionais tiveram de se adaptar, encontrando nichos de mercado para os seus produtos, acrescentando valor através da marca ou da certificação e diversificando as suas fontes de rendimento.

Alterações climáticas: As alterações climáticas têm tido um impacto profundo nas economias tradicionais, particularmente nas que se baseiam na agricultura, na pesca e na caça. A alteração dos padrões meteorológicos, a subida do nível do mar e os fenómenos meteorológicos extremos perturbaram as práticas tradicionais e forçaram as comunidades a adaptarem-se, desenvolvendo novas técnicas, mudando as variedades de culturas ou deslocando-se para áreas mais adequadas.

Avanços tecnológicos: Os avanços tecnológicos revolucionaram a forma como as actividades económicas são realizadas, conduzindo a uma maior eficiência e produtividade. As economias tradicionais tiveram de se adaptar, incorporando novas tecnologias nas suas práticas, como a utilização de telemóveis para obter informações sobre o mercado ou de sistemas de irrigação alimentados por energia solar para a agricultura.

Urbanização e migração: A urbanização e a migração conduziram ao despovoamento das zonas rurais e à perda de conhecimentos e práticas tradicionais. As economias tradicionais tiveram de se adaptar, encontrando formas de reter os jovens nas zonas rurais, como a promoção do eco-turismo ou o desenvolvimento de produtos de valor acrescentado para os mercados urbanos.

Políticas governamentais: As políticas governamentais, tais como os sistemas de posse da terra, os subsídios agrícolas e os regulamentos ambientais, podem ter um impacto significativo nas economias tradicionais. Estas políticas podem apoiar ou dificultar as práticas tradicionais, obrigando as comunidades a adaptarem-se, fazendo pressão para que as políticas sejam alteradas ou encontrando meios de subsistência alternativos.

Preservação cultural: Face a estes desafios, muitas economias tradicionais procuraram preservar o seu património cultural e as suas práticas tradicionais. Este facto levou a um renascimento do interesse pelo artesanato, línguas e rituais tradicionais, bem como a esforços para documentar e transmitir os conhecimentos tradicionais às gerações futuras.

Em conclusão, as economias tradicionais enfrentam uma série de desafios nos tempos modernos, mas também têm a capacidade de se adaptar e prosperar. Ao abraçarem a inovação, diversificarem as suas fontes de rendimento e preservarem o seu património cultural, as economias tradicionais podem continuar a desempenhar um papel vital na economia global, mantendo simultaneamente as suas identidades únicas e o seu modo de vida.

Capítulo 3

Economias de comando: controlo estatal e planeamento central

Definição e características das economias de comando

Uma economia planificada, também conhecida como economia centralizada, é um sistema económico em que o governo ou uma autoridade central toma todas as decisões sobre a produção e distribuição de bens e serviços. Numa economia planificada, o governo detém os meios de produção e decide que bens e serviços serão produzidos, como serão produzidos e para quem serão produzidos. Isto contrasta com as economias de mercado, em que estas decisões são tomadas por indivíduos e empresas que interagem no mercado.

As características das economias de comando incluem:

Tomada de decisões centralizada: Numa economia planificada, as decisões económicas são tomadas por uma autoridade central de planeamento, como uma agência governamental ou um conselho de planeamento. Esta autoridade estabelece objectivos de produção, atribui recursos e determina os preços dos bens e serviços.

Uma das principais características da tomada de decisão centralizada é a consolidação da autoridade. Num sistema deste tipo, as decisões são tomadas por uma figura de autoridade central ou por um pequeno grupo de decisores que possuem as competências, experiência e conhecimentos necessários para fazer escolhas informadas em nome de toda a organização. Esta concentração do poder de decisão garante consistência, uniformidade e alinhamento com as metas e objectivos gerais da organização.

A tomada de decisões centralizada também promove a eficiência e a racionalização das operações dentro da organização. Ao confiar a autoridade de tomada de decisões a um grupo selecionado de indivíduos, minimiza-se a burocracia e os atrasos associados à obtenção da aprovação de vários intervenientes. Esta agilidade permite que as organizações respondam prontamente às mudanças no ambiente externo, à dinâmica do mercado ou às oportunidades emergentes, ganhando assim uma vantagem competitiva no mercado.

Além disso, a tomada de decisões centralizada facilita a definição de linhas claras de responsabilidade e responsabilização dentro da organização. Com a autoridade de tomada de decisões atribuída a indivíduos ou grupos específicos, torna-se mais fácil identificar quem é responsável pelos resultados das decisões e acções tomadas. Esta responsabilidade promove uma cultura de transparência, encoraja a adesão às políticas e procedimentos organizacionais e assegura que as decisões são tomadas no melhor interesse da organização como um todo.

Outra vantagem da tomada de decisões centralizada é a capacidade de aproveitar a experiência e o conhecimento especializados. Os decisores centrais possuem frequentemente um conhecimento profundo das prioridades estratégicas da organização, das tendências do sector e do panorama competitivo. Ao explorar esta riqueza de conhecimentos, a tomada de decisões centralizada pode conduzir a processos de tomada de decisões mais informados e estratégicos que estão alinhados com a visão e os objectivos a longo prazo da organização.

No entanto, a tomada de decisões centralizada tem os seus inconvenientes. Uma das principais críticas a esta abordagem é o seu potencial para sufocar a inovação e a criatividade dentro da organização. Quando a autoridade de tomada de decisões está concentrada no topo, existe o risco de ignorar ideias e perspectivas valiosas dos funcionários da linha da frente ou dos gestores de nível inferior, que podem ter uma compreensão mais pormenorizada de desafios operacionais específicos ou das necessidades dos clientes.

Além disso, a tomada de decisões centralizada pode resultar em estrangulamentos e atrasos na tomada de decisões, particularmente em grandes organizações com estruturas burocráticas complexas. As decisões podem ficar bloqueadas em níveis hierárquicos, conduzindo a ineficiências, frustração entre os funcionários e perda de oportunidades de ação atempada.

Propriedade estatal dos meios de produção: Numa economia planificada, o governo detém os meios de produção, incluindo a terra, o trabalho e o capital. Isto significa que as empresas e as indústrias são frequentemente propriedade do Estado e operadas por ele, embora possa ser permitida alguma propriedade privada em determinados sectores.

O conceito tem as suas raízes nas ideologias socialista e comunista, que defendem a propriedade colectiva dos recursos e a eliminação da propriedade privada do capital. Os defensores do conceito argumentam que a propriedade estatal pode conduzir a uma distribuição mais equitativa da riqueza, uma vez que os lucros gerados pelas empresas estatais podem ser reinvestidos em benefício de toda a sociedade, em vez de reverterem a favor de um pequeno grupo de proprietários privados.

Uma das principais motivações subjacentes à propriedade estatal é a prossecução de objectivos socioeconómicos, como a redução da desigualdade de rendimentos, a garantia de acesso a bens e serviços essenciais e a promoção do desenvolvimento económico em regiões carenciadas. Ao controlar sectores estratégicos da economia, o Estado pode orientar o investimento e a afetação de recursos de acordo com as prioridades nacionais, como o desenvolvimento de infra-estruturas, a educação e os cuidados de saúde.

As empresas públicas (EPs) operam sob a alçada de agências governamentais ou ministérios responsáveis pela supervisão das suas actividades. Embora estas empresas possam ainda funcionar num quadro orientado para o mercado, com considerações de eficiência e rentabilidade, o seu principal mandato é frequentemente servir objectivos sociais e de desenvolvimento mais amplos, em vez de maximizar os rendimentos dos accionistas.

Nalguns casos, a propriedade estatal estende-se para além das indústrias tradicionais, incluindo recursos naturais, terras e instituições financeiras. Por exemplo, os governos podem nacionalizar as reservas de petróleo e gás para garantir que a riqueza gerada pela sua exploração beneficia toda a população. Do mesmo modo, o controlo estatal da banca e das finanças pode ser visto como um meio de regular os fluxos de capital e promover a estabilidade do sistema financeiro.

Os críticos da propriedade pública manifestam preocupações quanto aos seus potenciais inconvenientes e limitações. Uma crítica comum é que as empresas públicas podem sofrer de ineficiência, burocracia e falta de inovação em comparação com as suas congéneres privadas. Sem a motivação do lucro para impulsionar o desempenho e a inovação, as empresas públicas podem ter dificuldade em adaptar-se à evolução das condições do mercado e aos avanços tecnológicos.

Além disso, a propriedade estatal pode levar à interferência política e à corrupção, uma vez que os funcionários públicos podem utilizar o seu controlo sobre indústrias-chave para benefício pessoal ou para promover agendas políticas. Esta situação pode minar a concorrência no mercado e criar barreiras à entrada de empresas privadas, sufocando o espírito empresarial e o dinamismo económico.

Nas últimas décadas, muitos países adoptaram políticas de privatização e liberalização, procurando reduzir o papel do Estado na economia e promover uma maior concorrência e eficiência. No entanto, a propriedade estatal continua a desempenhar um papel significativo em determinados sectores e continua a ser objeto de debate entre economistas, decisores políticos e a sociedade em geral.

Objectivos e planos de produção: As economias de comando utilizam objectivos e planos de produção para orientar a atividade económica. Estes planos definem quais os bens e serviços que serão produzidos, a quantidade produzida e onde serão afectados os recursos. O objetivo é atingir objectivos económicos específicos definidos pelo governo, como o crescimento económico ou o bem-estar social.

Controlo de preços: Numa economia planificada, os preços são frequentemente fixados pelo governo em vez de serem determinados pela oferta e procura. O governo pode fixar os preços abaixo dos níveis de mercado para tornar os bens mais acessíveis, ou acima dos níveis de mercado para incentivar a produção de determinados bens.

Escolha limitada do consumidor: As economias de comando resultam frequentemente numa escolha limitada do consumidor, uma vez que o governo determina quais os bens e serviços que estarão disponíveis. Esta situação pode levar à escassez de alguns bens e a excedentes de outros, uma vez que o governo nem sempre pode prever com exatidão a procura dos consumidores.

Falta de incentivos: Nas economias planificadas, pode haver falta de incentivos para que os indivíduos e as empresas inovem e sejam produtivos. Uma vez que o governo controla os meios de produção e fixa os preços, pode haver menos motivação para as empresas competirem e melhorarem a eficiência.

Objectivos de bem-estar social: As economias de comando dão frequentemente prioridade a objectivos de bem-estar social, como a redução da desigualdade de rendimentos e a satisfação das necessidades básicas de todos os cidadãos. O governo pode utilizar o seu controlo sobre a economia para redistribuir a riqueza e os recursos para atingir estes objectivos.

Controlo político: As economias de comando estão frequentemente associadas a um forte controlo político, uma vez que o governo tem um poder significativo sobre as actividades económicas. Este facto pode conduzir a restrições à liberdade de expressão, de reunião e outras liberdades civis.

Em geral, as economias planificadas caracterizam-se pela tomada de decisões centralizada, pela propriedade estatal dos meios de produção, pelos objectivos e planos de produção, pelo controlo dos preços, pela escolha limitada do consumidor, pela falta de incentivos, pelos objectivos de bem-estar social e pelo controlo político. Embora as economias planificadas possam ser eficazes na consecução de determinados objectivos económicos, estão também associadas à ineficiência, à falta de inovação e a restrições à liberdade individual.

Exemplos históricos de economias de comando (por exemplo, União Soviética, China)

As economias de comando foram implementadas de várias formas ao longo da história, com alguns dos exemplos mais notáveis a incluírem a União Soviética e a China. Estes exemplos ilustram a forma como as economias de comando funcionaram na prática e o seu impacto na sociedade e na economia.

União Soviética (1922-1991):

Antecedentes: Após a Revolução Bolchevique de 1917, a União Soviética estabeleceu uma economia planificada baseada nos princípios do marxismo-leninismo. O governo, liderado pelo Partido Comunista, assumiu o controlo de todos os meios de produção e foram criadas agências de planeamento central, como o Gosplan, para planear as actividades económicas.

Características: A economia planificada soviética privilegiava a indústria pesada e a rápida industrialização, com o objetivo de alcançar a autossuficiência. Os objectivos de produção eram definidos pelo governo e os preços eram fixados pelo Estado. A propriedade privada de bens e empresas foi abolida e todas as actividades económicas eram dirigidas pelo Estado.

Realizações: A economia de comando soviética alcançou uma industrialização e modernização significativas, particularmente durante as décadas de 1930 e 1940. Também fez avanços em áreas como a exploração espacial e a tecnologia militar.

Desafios: Apesar das suas realizações, a economia planificada soviética enfrentou inúmeros desafios, incluindo a ineficiência, a escassez de bens de consumo e a falta de inovação. O planeamento central levou frequentemente a uma má distribuição dos recursos e a estrangulamentos na produção.

Colapso: A economia planificada soviética começou a desmoronar na década de 1980 devido aos crescentes problemas económicos, incluindo a estagnação, a escassez e a ineficiência. Em 1991, a União Soviética dissolveu-se, marcando o fim da era da economia planificada na Rússia e noutras antigas repúblicas soviéticas.

A China de Mao Zedong (1949-1976):

Antecedentes: Depois de o Partido Comunista ter chegado ao poder em 1949, a China implementou uma economia planificada segundo o modelo da União Soviética. O governo assumiu o controlo de todos os meios de produção e criou agências centrais de planeamento, como a Comissão Estatal de Planeamento.

Características: A economia planificada chinesa privilegiava a coletivização da agricultura e a rápida industrialização. O governo estabeleceu objectivos de produção e preços e a propriedade privada de bens e empresas foi abolida. O Grande Salto em Frente e a Revolução Cultural foram tentativas de acelerar a transição para o socialismo.

Realizações: A economia planificada chinesa alcançou uma industrialização e modernização significativas, especialmente durante os primeiros anos da República Popular. Também fez progressos em áreas como a agricultura e a educação, tirando milhões de pessoas da pobreza.

Desafios: Tal como a União Soviética, a economia planificada chinesa enfrentou desafios como a ineficiência, a escassez e a falta de inovação. O Grande Salto em Frente, em particular, conduziu a uma fome generalizada e a dificuldades económicas.

Reformas: Após a morte de Mao, em 1976, a China começou a reformar gradualmente a sua economia, passando para um sistema mais orientado para o mercado. As reformas, iniciadas por Deng Xiaoping, conduziram à abertura da economia chinesa ao investimento estrangeiro e à introdução de mecanismos de mercado.

Estes exemplos históricos demonstram os pontos fortes e fracos das economias planificadas. Embora tenham conseguido alcançar uma rápida industrialização e modernização, também enfrentaram desafios como a ineficiência, a escassez e a falta de inovação. As experiências da União Soviética e da China contribuíram para a compreensão das limitações das economias planificadas e da importância dos mecanismos de mercado no desenvolvimento económico.

Análise do planeamento centralizado e da afetação de recursos

O planeamento centralizado e a afetação de recursos é uma caraterística fundamental das economias planificadas, em que o governo ou uma autoridade central toma decisões sobre os bens e serviços que serão produzidos, como serão produzidos e para quem serão produzidos. Esta abordagem contrasta com as economias de mercado, em que estas decisões são tomadas por indivíduos e empresas com base na oferta e na procura no mercado.

Vantagens do planeamento centralizado e da afetação de recursos:

Estabilidade económica: O planeamento centralizado pode ajudar a estabilizar uma economia, evitando as flutuações na produção e no emprego que podem ocorrer nas economias de mercado. Ao estabelecer objectivos de produção e afetar recursos com base num planeamento a longo prazo, o governo pode atenuar o impacto dos ciclos económicos.

Atribuição de recursos: O planeamento centralizado permite que o governo atribua recursos com base em prioridades sociais, como os cuidados de saúde, a educação e as infra-estruturas. Isto pode garantir que os recursos são utilizados de forma eficiente para satisfazer as necessidades da população.

Planeamento estratégico: O planeamento centralizado permite ao governo prosseguir objectivos estratégicos, tais como o desenvolvimento industrial, a defesa nacional e a inovação tecnológica. O governo pode dar prioridade a determinadas indústrias ou sectores considerados importantes para o crescimento e desenvolvimento do país a longo prazo.

Distribuição de rendimentos: O planeamento centralizado pode ser utilizado para redistribuir o rendimento e a riqueza de forma a reduzir a desigualdade. O governo pode utilizar o seu controlo sobre a economia para garantir a satisfação das necessidades básicas de todos os cidadãos e para proporcionar programas de bem-estar social.

Proteção do ambiente: O planeamento centralizado pode ser utilizado para promover a sustentabilidade ambiental através da regulamentação dos métodos de produção e da utilização dos recursos. O governo pode estabelecer normas para o controlo da poluição, a conservação dos recursos naturais e o desenvolvimento sustentável.

Desvantagens do planeamento centralizado e da afetação de recursos:

Falta de flexibilidade: O planeamento centralizado pode ser inflexível e lento a responder à evolução das condições económicas. Isto pode levar a ineficiências e desajustes entre a oferta e a procura.

Afetação ineficaz de recursos: O planeamento centralizado pode resultar numa afetação ineficiente de recursos, uma vez que as decisões são tomadas com base em prioridades políticas e não nas forças de mercado. Este facto pode levar à escassez de alguns bens e serviços e a excedentes de outros.

Falta de incentivos: O planeamento centralizado pode reduzir os incentivos à inovação e à produtividade, uma vez que os indivíduos e as empresas podem não ser recompensados pelos seus esforços. Este facto pode conduzir à estagnação e à falta de dinamismo na economia.

Ineficiência burocrática: O planeamento centralizado exige uma grande burocracia para administrar, que pode ser ineficiente e propensa à corrupção. A burocracia pode dificultar a atividade económica e impedir o crescimento.

Falta de escolha do consumidor: O planeamento centralizado pode resultar numa escolha limitada do consumidor, uma vez que o governo determina quais os bens e serviços que estarão disponíveis. Este facto pode levar à insatisfação dos consumidores e à falta de capacidade de resposta às suas preferências.

Em conclusão, o planeamento centralizado e a afetação de recursos podem ter vantagens e desvantagens. Embora possa promover a estabilidade económica, a afetação de recursos e o planeamento estratégico, também pode ser inflexível, ineficiente e carecer de incentivos. Encontrar o equilíbrio certo entre o planeamento centralizado e os mecanismos de mercado é um desafio fundamental para as economias que procuram alcançar o crescimento económico e o desenvolvimento.

Êxitos, fracassos e transição para economias mistas

Os sucessos, os fracassos e a transição para economias mistas são aspectos fundamentais da evolução económica de vários países e regiões. Vamos aprofundar cada um destes aspectos:

Os sucessos das economias de comando:

Industrialização rápida: As economias de comando têm sido bem sucedidas na obtenção de uma industrialização rápida, especialmente nas fases iniciais de desenvolvimento. Isto verificou-se na União Soviética durante as décadas de 1930 e 1940 e na China sob o domínio de Mao Zedong.

Igualdade económica: As economias de comando conseguiram muitas vezes reduzir a desigualdade de rendimentos e satisfazer as necessidades básicas de todos os cidadãos. Isto foi conseguido através de políticas redistributivas e programas de proteção social.

Realização de objectivos sociais: As economias planificadas têm conseguido atingir determinados objectivos sociais, como a educação e os cuidados de saúde universais, através da afetação de recursos com base nas prioridades sociais e não nas forças de mercado.

Os fracassos das economias de comando:

Ineficiência: As economias planificadas são frequentemente ineficientes na afetação de recursos e na produção. O planeamento central pode levar à sobreprodução de certos bens e à escassez de outros, uma vez que os planeadores podem não prever com exatidão a procura dos consumidores.

Falta de inovação: As economias de comando podem asfixiar a inovação e o progresso tecnológico, uma vez que podem existir incentivos limitados para que os indivíduos e as empresas inovem e sejam produtivos.

Corrupção burocrática: As economias de comando são frequentemente caracterizadas pela ineficiência burocrática e pela corrupção, que podem impedir o crescimento económico e o desenvolvimento.

Transição para economias mistas:

Perestroika e Glasnost na União Soviética: No final da década de 1980, a União Soviética introduziu reformas sob a liderança de Mikhail Gorbachev, conhecidas como perestroika (reestruturação) e glasnost (abertura). Estas reformas tinham como objetivo introduzir elementos de economia de mercado e de democracia no sistema soviético. No entanto, as reformas acabaram por conduzir ao colapso da União Soviética em 1991.

As reformas de Deng Xiaoping na China: No final da década de 1970, a China, sob o comando de Deng Xiaoping, começou a implementar reformas económicas destinadas a fazer a transição de uma economia centralmente planeada para uma economia mais orientada para o mercado. Estas reformas, conhecidas como as "Quatro Modernizações", conduziram a um crescimento económico e desenvolvimento significativos na China.

Transições na Europa de Leste: Após o colapso da União Soviética, muitos países da Europa de Leste passaram de economias planificadas para economias mistas. Esta transição envolveu a privatização de empresas estatais, a liberalização dos mercados e a introdução de reformas democráticas.

Desafios da transição:

Deslocação económica: A transição de uma economia planificada para uma economia mista pode resultar em deslocação económica, uma vez que as indústrias são privatizadas e os mercados são liberalizados. Esta situação pode conduzir ao desemprego e à agitação social.

Instabilidade política: As economias em transição podem enfrentar instabilidade política à medida que avançam para a democracia e a economia de mercado. Foi o que se verificou em muitos países da Europa de Leste na década de 1990.

Corrupção e clientelismo: As economias em transição podem debater-se com a corrupção e o clientelismo à medida que adoptam políticas orientadas para o mercado. Esta situação pode prejudicar o desenvolvimento económico e minar a confiança do público no governo.

Em conclusão, os êxitos e os fracassos das economias planificadas moldaram a transição para as economias mistas em muitos países. Embora as economias planificadas tenham atingido determinados objectivos sociais, também foram afectadas pela ineficiência e pela falta de inovação. A transição para as economias mistas tem sido um desafio, mas muitos países registaram um crescimento económico e um desenvolvimento significativos em resultado dessa transição.

Capítulo 4

Economias de mercado: O poder da oferta e da procura

Definição e características das economias de mercado

Uma economia de mercado é um sistema económico em que as decisões económicas e os preços dos bens e serviços são orientados pelas interacções dos cidadãos e das empresas no mercado, sem intervenção governamental. Numa economia de mercado, as forças da oferta e da procura determinam os preços dos bens e serviços, e os recursos são atribuídos com base nas preferências e escolhas dos indivíduos e das empresas.

As características das economias de mercado incluem:

Propriedade privada dos recursos: Numa economia de mercado, a maioria dos recursos, como a terra, o trabalho e o capital, são propriedade e controlados por indivíduos e empresas. Isto permite uma afetação eficiente dos recursos com base nos sinais do mercado.

Liberdade de escolha: As economias de mercado dão ênfase à liberdade de escolha dos indivíduos e das empresas. Os consumidores são livres de escolher os bens e serviços a comprar, enquanto as empresas são livres de decidir o que produzir e como produzir.

Concorrência: A concorrência é uma caraterística fundamental das economias de mercado. As empresas competem entre si para atrair clientes, o que ajuda a promover a inovação, melhorar a qualidade e baixar os preços para os consumidores.

Motivo de lucro: Numa economia de mercado, a motivação do lucro impulsiona a atividade económica. As empresas procuram maximizar os lucros produzindo bens e serviços que os consumidores desejam, a preços que estão dispostos a pagar.

Intervenção limitada do governo: As economias de mercado dependem de uma intervenção mínima do governo nas actividades económicas. O papel do governo consiste essencialmente em fazer cumprir os direitos de propriedade, garantir a concorrência e fornecer bens e serviços públicos que não são fornecidos de forma eficiente pelo mercado.

Mecanismo de preços: Os preços numa economia de mercado são determinados pela oferta e pela procura. Quando a procura de um bem ou serviço excede a oferta, os preços tendem a subir, sinalizando aos produtores para aumentarem a produção. Inversamente, quando a oferta excede a procura, os preços tendem a descer, sinalizando aos produtores que devem diminuir a produção.

Eficiência: As economias de mercado são frequentemente caracterizadas por elevados níveis de eficiência na afetação de recursos e na produção. Isto deve-se ao facto de os recursos serem atribuídos com base em sinais do mercado e não em mandatos governamentais, o que conduz a uma utilização mais eficiente dos recursos.

Soberania do consumidor: Numa economia de mercado, as preferências dos consumidores orientam as decisões de produção. As empresas produzem bens e serviços que os consumidores desejam, o que leva a uma grande variedade de escolhas e produtos adaptados às necessidades dos consumidores.

De um modo geral, as economias de mercado caracterizam-se pela propriedade privada, pela liberdade de escolha, pela concorrência, pela motivação do lucro, pela intervenção limitada do governo, pelo mecanismo de preços, pela eficiência e pela soberania do consumidor. Estas características ajudam a impulsionar o crescimento económico e a inovação, fazendo das economias de mercado um dos sistemas económicos mais comuns no mundo atual.

Princípios fundamentais das economias de mercado (oferta, procura, concorrência)

As economias de mercado são orientadas por vários princípios fundamentais que ajudam a determinar a forma como os recursos são afectados, os bens e serviços são produzidos e os preços são determinados. Estes princípios incluem a oferta, a procura e a concorrência:

Oferta: A oferta refere-se à quantidade de bens e serviços que os produtores estão dispostos e são capazes de vender a vários preços durante um período específico. A lei da oferta estabelece que, se tudo o resto for igual, à medida que o preço de um bem ou serviço aumenta, a quantidade oferecida aumenta e vice-versa. Esta relação é frequentemente representada graficamente como uma curva de oferta inclinada para cima.

Factores que afectam a oferta: Os factores que podem afetar a oferta incluem o custo de produção, os avanços tecnológicos, os preços dos factores de produção, os regulamentos governamentais e o número de fornecedores no mercado.

Procura: A procura refere-se à quantidade de bens e serviços que os consumidores estão dispostos e são capazes de comprar a vários preços durante um período específico. A lei da procura estabelece que, se tudo o resto for igual, à medida que o preço de um bem ou serviço diminui, a quantidade procurada aumenta e vice-versa. Esta relação é frequentemente representada graficamente como uma curva da procura inclinada para baixo.

Factores que afectam a procura: Os factores que podem afetar a procura incluem as preferências dos consumidores, os níveis de rendimento, os preços dos bens relacionados, a dimensão da população e a publicidade.

Equilíbrio: Numa economia de mercado, o preço de um bem ou serviço é determinado pela intersecção das curvas da oferta e da procura, conhecido como o preço de equilíbrio. A este preço, a quantidade oferecida é igual à quantidade procurada, resultando num estado de equilíbrio no mercado.

Concorrência: A concorrência é um princípio fundamental das economias de mercado. Refere-se à rivalidade entre vendedores que tentam atingir objectivos como o aumento dos lucros, da quota de mercado e do volume de vendas, variando os elementos do marketing mix: preço, produto, distribuição e promoção.

Tipos de concorrência: Existem diferentes tipos de concorrência, incluindo a concorrência perfeita, a concorrência monopolística, o oligopólio e o monopólio. A concorrência perfeita é caracterizada por muitos compradores e vendedores, produtos idênticos e livre entrada e saída do mercado. O monopólio, por outro lado, é uma estrutura de mercado em que um único vendedor domina todo o mercado.

Benefícios da concorrência: A concorrência incentiva as empresas a serem mais eficientes, inovadoras e a responderem às necessidades dos consumidores. Pode conduzir a preços mais baixos, a produtos de maior qualidade e a uma maior escolha para os consumidores.

Em conclusão, a oferta, a procura e a concorrência são princípios fundamentais das economias de mercado que ajudam a impulsionar a atividade económica e a determinar os preços. Estes princípios são fundamentais para compreender o funcionamento das economias de mercado e a forma como os recursos são afectados em resposta às preferências dos consumidores e às forças de mercado.

Estudos de casos de economias de mercado bem sucedidas (por exemplo, Estados Unidos, Singapura)

As economias de mercado bem sucedidas apresentam características como um forte crescimento económico, inovação, elevados padrões de vida e uma afetação eficiente dos recursos. Eis alguns estudos de caso de duas economias de mercado bem sucedidas:

Estados Unidos:

Crescimento económico: Os Estados Unidos têm sido uma economia de mercado líder, registando um crescimento económico significativo ao longo dos anos. Este crescimento tem sido impulsionado por factores como a inovação tecnológica, o espírito empresarial e uma forte base de consumidores.

Inovação: Os EUA são conhecidos pela sua capacidade de inovação, com muitas das principais empresas de tecnologia do mundo, como a Apple, a Google e a Microsoft, originárias do país. Esta cultura de inovação tem sido fomentada por factores como uma forte proteção dos direitos de propriedade intelectual e um ambiente empresarial competitivo.

Padrões de vida elevados: Os EUA têm um dos padrões de vida mais elevados do mundo, com um elevado PIB per capita e um elevado nível de desenvolvimento humano. Isto é atribuído a factores como uma economia diversificada, uma mão de obra qualificada e um mercado de consumo forte.

Alocação eficiente de recursos: A economia de mercado dos EUA caracteriza-se por uma afetação eficiente dos recursos, sendo estes afectados com base em sinais de oferta e procura no mercado. Isto levou ao desenvolvimento de indústrias competitivas e à produção eficiente de bens e serviços.

Singapura:

Crescimento económico: Singapura alcançou um crescimento económico notável desde a sua independência em 1965, passando de um país de baixos rendimentos para uma economia de elevados rendimentos num período relativamente curto. Este crescimento foi impulsionado por factores como o planeamento económico estratégico, a abertura ao comércio e ao investimento e um ambiente favorável às empresas.

Eficiência e competitividade: Singapura é conhecida pela sua economia eficiente e competitiva, ocupando uma posição de destaque nos índices de competitividade global. Isto deve-se a factores como instituições fortes, regulamentos transparentes e uma mão de obra qualificada.

Diversificação e adaptabilidade: Singapura tem sido bem sucedida na diversificação da sua economia e na adaptação à evolução das tendências globais. O país evoluiu de uma economia baseada na indústria transformadora para uma economia orientada para os serviços, com destaque para sectores como as finanças, o turismo e a tecnologia.

Papel do Governo: Embora Singapura seja frequentemente citada como uma economia de mercado livre, o governo desempenha um papel significativo na orientação do desenvolvimento económico através do planeamento estratégico, do investimento em infra-estruturas e do apoio a indústrias-chave.

Em conclusão, os Estados Unidos e Singapura são exemplos de economias de mercado bem sucedidas que alcançaram um forte crescimento económico, inovação e elevados padrões de vida. Estas economias sublinham a importância de factores como a inovação, a eficiência, a diversificação e as políticas governamentais na condução do sucesso económico num sistema orientado para o mercado.

Críticas e desafios das economias de mercado (por exemplo, desigualdade de rendimentos, falhas de mercado)

As economias de mercado, embora sejam frequentemente elogiadas pela sua eficiência e inovação, não estão isentas de críticas e desafios.

Algumas das principais críticas e desafios das economias de mercado incluem:

Desigualdade de rendimentos: Uma das críticas mais significativas às economias de mercado é a sua tendência para exacerbar a desigualdade de rendimentos. Nas economias de mercado, a distribuição do rendimento é largamente determinada pelas forças de mercado, o que pode resultar em disparidades de riqueza e de rendimento. Este facto pode conduzir a tensões sociais e dificultar a mobilidade social.

Falhas de mercado: As economias de mercado são susceptíveis de falhas de mercado, em que a afetação de recursos é ineficiente ou não conduz a resultados socialmente desejáveis. As falhas de mercado podem ocorrer devido a factores como as externalidades, os bens públicos, o poder de monopólio e a informação assimétrica. Estas falhas podem resultar em subprodução ou sobreprodução de bens e serviços, bem como noutras ineficiências.

Poder de monopólio: As economias de mercado podem, por vezes, resultar na concentração do poder de mercado nas mãos de um pequeno número de grandes empresas. Este facto pode levar a uma redução da concorrência, a preços mais elevados para os consumidores e a uma redução da inovação. Os governos intervêm frequentemente para evitar ou atenuar o poder de monopólio através de leis e regulamentos antitrust.

Degradação ambiental: As economias de mercado podem contribuir para a degradação ambiental devido à ênfase no crescimento económico e na maximização dos lucros. Isto pode levar a problemas como a poluição, a desflorestação e o esgotamento dos recursos naturais. A resolução dos problemas ambientais numa economia de mercado exige frequentemente a intervenção e a regulamentação do governo.

Instabilidade cíclica: As economias de mercado são propensas a ciclos económicos de expansão e recessão. Os períodos de expansão económica podem ser seguidos por recessões ou mesmo depressões, levando a flutuações no emprego, na produção e no rendimento. Os governos recorrem frequentemente a políticas monetárias e fiscais para estabilizar a economia durante estes ciclos.

Preocupações com o bem-estar social: As economias de mercado podem, por vezes, dar prioridade à eficiência económica em detrimento das preocupações com o bem-estar social. Este facto pode levar a uma prestação inadequada de serviços essenciais, como os cuidados de saúde, a educação e a segurança social. Os governos intervêm frequentemente para fornecer estes serviços ou implementar programas de proteção social para responder a estas preocupações.

Desafios da globalização: Num mundo globalizado, as economias de mercado enfrentam desafios relacionados com o comércio internacional, o investimento e a concorrência. Embora a globalização possa levar a um aumento da eficiência e do crescimento económico, também pode resultar na deslocação de postos de trabalho, estagnação salarial e deslocação social em alguns sectores da economia.

Em conclusão, embora as economias de mercado tenham muitas vantagens, também enfrentam críticas e desafios relacionados com a desigualdade de rendimentos, as falhas do mercado, o poder de monopólio, a degradação ambiental, a instabilidade cíclica, as preocupações com o bem-estar social e a globalização. A resposta a estes desafios exige frequentemente uma combinação de mecanismos de mercado e de intervenção governamental para garantir uma economia mais equitativa e sustentável.

Capítulo 5

Economias mistas: combinar a intervenção do Estado e as forças de mercado

Definição e características das economias mistas

Uma economia mista é um sistema económico que combina elementos das economias de mercado e de comando. Numa economia mista, o governo e o sector privado coexistem, desempenhando o governo um papel na regulação das actividades económicas e no fornecimento de bens e serviços públicos, enquanto o sector privado gere empresas e toma a maioria das decisões de produção e consumo.

As características das economias mistas incluem:

Propriedade privada: Numa economia mista, existe um grau significativo de propriedade privada dos recursos, incluindo a terra, o trabalho e o capital. Os indivíduos e as empresas privadas detêm os meios de produção e são livres de se envolverem em actividades económicas.

Intervenção do Governo: Ao contrário das economias de mercado puras, as economias mistas envolvem um certo grau de intervenção do governo nas actividades económicas. O governo pode regular certos sectores, fornecer bens e serviços públicos e implementar programas de bem-estar social.

Mecanismo de mercado: As economias mistas continuam a basear-se no mecanismo de mercado para determinar os preços e afetar os recursos. A oferta e a procura desempenham um papel importante na determinação da produção e do consumo de bens e serviços.

Redistribuição do rendimento: Uma das principais características das economias mistas é a redistribuição do rendimento. O governo pode utilizar impostos e programas de assistência social para redistribuir a riqueza e garantir um certo nível de igualdade económica.

Bens e serviços públicos: Numa economia mista, o governo é responsável pelo fornecimento de bens e serviços públicos que não são fornecidos de forma eficiente pelo mercado. Isto inclui serviços como a defesa, as infra-estruturas e a educação.

Regulamentação: As economias mistas envolvem frequentemente a regulamentação governamental de determinados sectores para garantir uma concorrência leal, proteger os consumidores e promover o bem-estar social. Isto pode incluir regulamentos relacionados com a saúde e segurança, proteção ambiental e normas laborais.

Coexistência de sectores: Numa economia mista, há uma coexistência dos sectores público e privado. Embora o sector privado domine a maioria das actividades económicas, o sector público desempenha um papel significativo em certas indústrias e serviços essenciais.

Flexibilidade e adaptabilidade: As economias mistas são frequentemente consideradas mais flexíveis e adaptáveis do que as economias puramente planificadas. Podem responder à evolução das condições económicas e das necessidades da sociedade, ajustando o nível de intervenção e de regulamentação do Estado.

De um modo geral, as economias mistas combinam elementos das economias de mercado e de comando, procurando tirar partido da eficiência das forças de mercado e, ao mesmo tempo, abordar questões de bem-estar social e de desigualdade de rendimentos através da intervenção do Estado. A combinação específica de elementos de mercado e de comando pode variar muito de país para país, em função de factores históricos, culturais e políticos.

Análise da intervenção do Estado e da regulamentação em economias mistas

A intervenção e a regulamentação públicas desempenham um papel importante nas economias mistas, equilibrando os princípios das forças de mercado com a necessidade de bem-estar social, proteção dos consumidores e estabilidade económica. Segue-se uma análise da intervenção e regulamentação governamentais nas economias mistas:

Regulamentação do mercado:

Proteção dos consumidores: Os governos das economias mistas regulam os mercados para proteger os consumidores de práticas desleais, como a publicidade enganosa, a fixação de preços e o comportamento monopolista. Isto é feito através de agências como a Federal Trade Commission (FTC) nos Estados Unidos.

Política de concorrência: Os governos promovem a concorrência, impedindo os monopólios e incentivando a concorrência leal. A legislação antitrust é utilizada para regular as fusões e aquisições susceptíveis de reduzir a concorrência e prejudicar os consumidores.

Regulamentação das externalidades: Os governos regulam as actividades que causam externalidades negativas, como a poluição, através de leis e regulamentos. Isto é feito para garantir que os custos dessas externalidades sejam suportados pelos responsáveis.

Regulamentação do mercado de trabalho: Os governos regulam o mercado de trabalho para proteger os direitos dos trabalhadores, garantir salários justos e promover a segurança no local de trabalho. Isto é feito através de leis como as leis do salário mínimo, regulamentos de segurança no local de trabalho e leis anti-discriminação.

Bens e serviços públicos:

Infra-estruturas: Os governos fornecem e mantêm infra-estruturas como estradas, pontes e serviços públicos, que são essenciais para o desenvolvimento e crescimento económico. Isto é feito através do investimento público e da regulamentação.

Educação e cuidados de saúde: Os governos das economias mistas fornecem frequentemente serviços de educação e de saúde para garantir que todos os cidadãos tenham acesso a estes serviços essenciais. Isto é feito através de financiamento público e de regulamentação.

Redistribuição de rendimentos:

Tributação progressiva: Os governos utilizam a tributação progressiva para redistribuir o rendimento dos indivíduos com rendimentos mais elevados para os indivíduos com rendimentos mais baixos. Isto é feito através de impostos sobre o rendimento, impostos sobre as empresas e outras formas de tributação.

Programas de bem-estar social: Os governos oferecem programas de bem-estar social, como subsídios de desemprego, assistência alimentar e assistência habitacional para ajudar os necessitados. Estes programas são concebidos para reduzir a pobreza e a desigualdade.

Políticas de estabilização:

Política monetária: Os governos utilizam a política monetária para estabilizar a economia, controlando a oferta de moeda e as taxas de juro. Isto é feito para controlar a inflação, promover o crescimento económico e manter a estabilidade dos preços.

Política fiscal: Os governos utilizam a política orçamental para estabilizar a economia, ajustando a despesa pública e a tributação. Isto é feito para estimular o crescimento económico durante as recessões e controlar a inflação durante os períodos de expansão.

Regulamentação dos mercados financeiros:

Regulamentação financeira: Os governos regulam os mercados financeiros para garantir a estabilidade e proteger os investidores. Isto inclui regulamentos sobre bancos, mercados de valores mobiliários e outras instituições financeiras para evitar fraudes, abuso de informação privilegiada e outros abusos.

Em conclusão, a intervenção e a regulamentação públicas nas economias mistas são essenciais para garantir a estabilidade económica, proteger os consumidores, promover a concorrência e fornecer bens e serviços públicos. No entanto, a extensão e a eficácia da intervenção governamental variam em função do contexto económico e social específico de cada país.

Exemplos de economias mistas a nível mundial (por exemplo, países escandinavos, Alemanha)

Os exemplos de economias mistas em todo o mundo demonstram diferentes graus de intervenção e regulamentação governamentais, a par da atividade do sector privado. Eis alguns exemplos proeminentes:

Países escandinavos (Dinamarca, Suécia, Noruega):

Elevados níveis de bem-estar social: Os países escandinavos são conhecidos pelos seus vastos sistemas de bem-estar social, que proporcionam cuidados de saúde universais, educação e segurança social.

Forte ênfase na igualdade: Estes países dão prioridade à igualdade de rendimentos, com uma tributação progressiva e amplos programas de assistência social destinados a reduzir a pobreza e a garantir um elevado nível de vida a todos os cidadãos.

Intervenção do governo nos mercados: Embora o sector privado desempenhe um papel significativo nestas economias, o governo intervém em áreas como os cuidados de saúde, a educação e os transportes públicos para garantir o acesso e a qualidade.

Políticas orientadas para o mercado: Apesar dos elevados níveis de intervenção governamental, os países escandinavos também mantêm políticas orientadas para o mercado, como o comércio livre e os mercados abertos, que contribuíram para o seu sucesso económico.

Alemanha:

Economia social de mercado: A Alemanha opera sob um modelo de economia social de mercado, que combina elementos do socialismo e do capitalismo. O governo desempenha um papel significativo na regulação dos mercados e no fornecimento de programas de bem-estar social.

Forte base industrial: A Alemanha tem uma base industrial forte, centrada na indústria transformadora e nas exportações. O governo apoia este sector através de políticas que promovem a inovação e a competitividade.

Representação dos trabalhadores: A legislação alemã obriga a que os trabalhadores estejam representados nos conselhos de administração das grandes empresas, dando-lhes voz na tomada de decisões das empresas.

Formação profissional: A Alemanha dispõe de um sistema de formação profissional bem desenvolvido que prepara os jovens para carreiras em vários sectores. Este sistema é apoiado tanto pelo governo como pelo sector privado.

Estados Unidos:

Modelo de economia mista: Os Estados Unidos operam sob um modelo de economia mista, com um equilíbrio entre os princípios do mercado livre e a intervenção do governo.

Regulamentação e programas de bem-estar: O governo dos EUA regula vários sectores, como o financeiro, o da saúde e o da proteção ambiental. Também fornece programas de bem-estar social, como a Segurança Social e o Medicare, para apoiar os seus cidadãos.

Inovação e empreendedorismo: Os EUA são conhecidos pela sua cultura de inovação e empreendedorismo, que é apoiada por um ambiente de mercado relativamente livre e pelo acesso ao capital.

Desigualdade de rendimentos: Apesar do seu sucesso económico, os EUA enfrentam desafios relacionados com a desigualdade de rendimentos, com disparidades significativas na distribuição da riqueza e dos rendimentos.

Em conclusão, estes exemplos demonstram a diversidade de abordagens das economias mistas em todo o mundo, com diferentes graus de intervenção e regulamentação governamentais. Embora cada país tenha o seu contexto económico e social único, todos eles procuram equilibrar os benefícios do crescimento impulsionado pelo mercado com a necessidade de bem-estar social e estabilidade económica.

Perspectivas e desafios para o futuro das economias mistas

As perspectivas e os desafios para o futuro das economias mistas dependem de vários factores, como a globalização, os avanços tecnológicos, as preocupações ambientais e a dinâmica social. Eis uma análise:

Perspectivas:

Inovação e crescimento: As economias mistas têm potencial para promover a inovação e o crescimento económico, combinando incentivos orientados para o mercado com apoio governamental à investigação, ao desenvolvimento e às infra-estruturas.

Bem-estar social: As economias mistas podem continuar a dar prioridade ao bem-estar social através de programas governamentais que proporcionem cuidados de saúde, educação e segurança social, garantindo um nível de vida básico a todos os cidadãos.

Sustentabilidade ambiental: As economias mistas podem enfrentar os desafios ambientais através da aplicação de regulamentos e incentivos para promover práticas sustentáveis e reduzir as emissões de carbono.

Desigualdade de rendimentos: As economias mistas podem adotar políticas para reduzir a desigualdade de rendimentos através de uma tributação progressiva, de programas de assistência social e de oportunidades de educação e formação para todos os cidadãos.

Globalização: As economias mistas podem beneficiar da globalização aproveitando o comércio internacional e as oportunidades de investimento, ao mesmo tempo que implementam regulamentos para proteger as indústrias e os trabalhadores nacionais.

Desafios:

Concorrência global: As economias mistas enfrentam os desafios da concorrência global, particularmente das economias emergentes com custos laborais mais baixos e regulamentações menos rigorosas. Isto pode levar a pressões para desregulamentar e reduzir os programas de proteção social.

Perturbação tecnológica: Os avanços tecnológicos, como a automatização e a inteligência artificial (IA), podem levar à deslocação de empregos e à desigualdade de rendimentos se não forem geridos de forma eficaz. As economias mistas precisam de se adaptar, investindo em programas de educação e formação para preparar os trabalhadores para os empregos do futuro.

Degradação ambiental: As economias mistas devem enfrentar os desafios ambientais, como as alterações climáticas, a poluição e o esgotamento dos recursos. Para tal, é necessário implementar políticas que promovam práticas sustentáveis e reduzam a dependência dos combustíveis fósseis.

Envelhecimento da população: As economias mistas com populações envelhecidas enfrentam desafios relacionados com os custos dos cuidados de saúde, as obrigações em matéria de pensões e a diminuição da mão de obra. Estas economias têm de desenvolver políticas para responder às necessidades de uma população envelhecida, assegurando simultaneamente a sustentabilidade económica.

Polarização política: As economias mistas enfrentam os desafios da polarização política, que pode levar a um impasse e impedir a implementação de políticas eficazes. Os governos têm de encontrar formas de ultrapassar as divisões ideológicas e promover a criação de consensos para resolver questões prementes.

Em conclusão, o futuro das economias mistas depende da capacidade dos governos para equilibrar o crescimento económico com o bem-estar social, enfrentar os desafios ambientais e adaptar-se aos avanços tecnológicos e à globalização. Ao enfrentar estes desafios de forma eficaz, as economias mistas podem continuar a prosperar e a proporcionar um elevado nível de vida aos seus cidadãos.

BIBLIOGRAFIA

1. Lerner, J., & Tirole, J. (2005). The economics of technology sharing: Open source and beyond. Journal of Economic Perspectives, 19(2), 99-120.

2. Rip, A. (1995). Introduction of new technology: making use of recent insights from sociolcmgy and economics of technology. Technology analysis & Strategic management, 7(4), 417-432.

3. Coombs, R., Saviotti, P., & Walsh, V. (1987). Economics and technological change. Rowman & Littlefield.

4. Rosenberg, N. (1982). Inside the black box: technology and economics. Cambridge University Press.

5. Metcalfe, J. S. (1994). Evolutionary economics and technology policy (Economia evolutiva e política tecnológica). The economic journal, 104(425), 931-944.

6. Varian, H. R., Farrell, J., & Shapiro, C. (2004). The economics of information technology: An introduction. Cambridge University Press.

7. Vivarelli, M. (1995). The economics of technology and employment: Theory and empirical evidence. Em The Economics of Technology and Employment. Edward Elgar Publishing.

8. Naughton, B. (Ed.). (2012). O círculo da China: Economics and technology in the PRC, Taiwan, and Hong Kong. Brookings Institution Press.

9. Foster, A. D., & Rosenzweig, M. R. (2010). Microeconomics of technology adoption. Annu. Rev. Econ., 2(1), 395-424.

10. Hoffman, K. C., & Jorgenson, D. W. (1977). Modelos económicos e tecnológicos para avaliação da política energética. The Bell Journal of Economics, 444-466.

11. Redlinger, R., Andersen, P., & Morthorst, P. (2016). A energia eólica no século XXI: Economics, policy, technology and the changing electricity industry. Springer.

12. Gilder, G. (1990). Microcosmo: a revolução quântica na economia e na tecnologia. Simon and Schuster.

Printed by Books on Demand GmbH, Norderstedt / Germany